重庆市住房和城乡建设委员会

重庆市智能建造（建筑机器人）消耗量标准（1.0版）

CHONGQING SHI ZHINENG JIANZAO（JIANZHU JIQIREN）
XIAOHAO LIANG BIAOZHUN（1.0 BAN）

重庆市住房和城乡建设工程造价总站 / 主 编

重庆大学出版社

图书在版编目(CIP)数据

重庆市智能建造(建筑机器人)消耗量标准(1.0 版)/ 重庆市住房和城乡建设工程造价总站主编. -- 重庆 : 重庆大学出版社, 2024.8. -- ISBN 978-7-5689-4778-7

Ⅰ. TU723.3-65

中国国家版本馆 CIP 数据核字第 20242RN466 号

重庆市智能建造(建筑机器人)
消耗量标准(1.0 版)
重庆市住房和城乡建设工程造价总站 主 编

责任编辑:肖乾泉 版式设计:肖乾泉
责任校对:王 倩 责任印制:赵 晟

*

重庆大学出版社出版发行
出版人:陈晓阳
社址:重庆市沙坪坝区大学城西路 21 号
邮编:401331
电话:(023) 88617190 88617185(中小学)
传真:(023) 88617186 88617166
网址:http://www.cqup.com.cn
邮箱:fxk@cqup.com.cn(营销中心)
全国新华书店经销
重庆市正前方彩色印刷有限公司印刷

*

开本:889mm×1194mm 1/16 印张:4 字数:126 千
2024 年 8 月第 1 版 2024 年 8 月第 1 次印刷
ISBN 978-7-5689-4778-7 定价:39.00 元

前　言

为满足采用建筑机器人智能技术装备施工的工程计价需要，促进智能建造推广应用，结合我市实际，我们组织重庆市建设、设计、施工、造价咨询单位，编制了《重庆市智能建造（建筑机器人）消耗量标准（1.0版）》。本标准在执行过程中，如有意见和建议，请提交至重庆市住房和城乡建设工程造价总站（地址：重庆市渝中区长江一路58号）。

主 编 单 位：重庆市住房和城乡建设工程造价总站

参 编 单 位：中冶赛迪工程技术股份有限公司
重庆赛迪工程咨询有限公司
重庆建工第七建筑工程有限责任公司
中建科技集团西部有限公司
中冶建工集团有限公司

主要起草人：吴　波　徐　湛　夏剑锋　廖袖锋　林世飏
傅　煜　黄　怀　罗　楠　饶　茂　胥维桃
漆玉娟　陈张华　王秀丽　杨荣华　郭虹岑
陈家宁　徐　进　桂许兰　迟殿起　蒋和博
段发志　杨　秋　曾　笠　李薛夫　周　杰
邹　阳　唐可峙　张　奎　陈显涛　王金霞

主要审查人：王　曦　孔令潇　贾丽霞　何　玲　范陵江
孙　彬　张清福　冷小亚　潘绍荣　黄志强

重庆市住房和城乡建设委员会

渝建管〔2024〕32 号

重庆市住房和城乡建设委员会
关于颁发《重庆市智能建造(建筑机器人)消耗量标准(1.0 版)》的通知

各区县(自治县)住房城乡建委,两江新区、重庆高新区建设局,万盛经开区住房城乡建设局、双桥经开区建设局、经开区生态环境建管局,各有关单位:

为贯彻落实《重庆市智能建造试点城市建设实施方案的通知》(渝府办发〔2023〕53 号)要求,大力发展智能建造,满足采用建筑机器人智能技术装备施工的工程计价需要,结合我市实际,我委组织编制了《重庆市智能建造(建筑机器人)消耗量标准(1.0 版)》,现予以发布。

本标准于 2024 年 5 月 1 日起在新建的建设工程中参考使用,由重庆市住房和城乡建设工程造价总站负责管理和解释。

重庆市住房和城乡建设委员会

2024 年 2 月 6 日

目　　录

总说明 ………………………………………………… 1

第一章　混凝土及钢筋混凝土工程………… 3
1. 现浇混凝土垫层(机器人) ……………………… 7
(1)垫层 ………………………………………… 7
2. 现浇满堂基础(机器人) ………………………… 8
(1)满堂（筏板)基础……………………………… 8
3. 现浇混凝土板(机器人) ………………………… 9
(1)有梁板 ……………………………………… 9
(2)无梁板……………………………………… 10
(3)平板………………………………………… 11

第二章　楼地面工程 ……………………………… 13
1. 楼地面找平层(机器人) ……………………… 17
(1)细石混凝土找平层…………………………… 17
(2)水泥砂浆面层……………………………… 18
2. 整体混凝土面层(机器人) …………………… 19
(1)混凝土面层………………………………… 19
3. 地坪漆(机器人) ……………………………… 20
(1)地坪漆地面………………………………… 20

第三章　非承重隔墙工程……………………… 21
1. ALC 板安装(机器人) ………………………… 25
(1)轻质条板隔墙……………………………… 25

第四章　防水工程 ……………………………… 27
1. 防水卷材(机器人) ……………………………… 31
(1)改性沥青卷材防水…………………………… 31

第五章　内墙面装饰工程………………………… 33
1. 喷涂乳胶漆、涂料(机器人)……………………… 37
(1)乳胶漆……………………………………… 37
(2)墙面喷涂涂料……………………………… 38
2. 腻子(机器人) ………………………………… 39
(1)喷涂腻子…………………………………… 39

第六章　边坡支护工程 ………………………… 41
1. 喷射混凝土(机器人) ………………………… 45
(1)边坡喷射混凝土…………………………… 45

第七章　道路工程 ……………………………… 47
1. 混凝土路面(机器人) ………………………… 51
(1)水泥混凝土路面…………………………… 51

附录 …………………………………………… 53
人工、材料、机械基期价格参考表 ………………… 55

总 说 明

一、《重庆市智能建造(建筑机器人)消耗量标准(1.0 版)》(以下简称“本标准”)是完成规定计量单位分部分项工程所需的人工、材料、施工机械台班的用量标准,是编制工程造价成果文件的参考。

二、本标准适用于本市行政区域内按《重庆市建设领域建筑机器人与智能施工装备选用指南》(2023 年版)明确的适用场景和应用要点,采用地面混凝土整平机器人、地面抹平机器人、地坪研磨机器人、地坪漆涂敷机器人、墙板安装机器人、防水卷材铺贴机器人、墙面喷涂机器人、湿喷机械手、混凝土摊铺机器人为代表的建筑机器人施工的工程。

三、本标准是以国家和重庆市现行设计规范、施工验收规范、技术操作规程、质量评定标准、产品标准、安装操作规程和现行定额为依据编制,主要编制依据如下:

(一)《重庆市房屋建筑与装饰工程计价定额》(CQJZZSDE—2018);

(二)《重庆市市政工程计价定额》(CQSZDE—2018);

(三)《重庆市装配式建筑工程计价定额》(CQZPDE—2022);

(四)《重庆市建设领域建筑机器人与智能施工装备选用指南》(2023 年版);

(五)《重庆市智能建造试点项目评价指标(试行)》;

(六)现行有关设计规范、施工验收规范、技术操作规程、质量评定标准、产品标准、安全操作规程;

(七)相关的施工资料及市场调研资料。

四、本标准是按正常施工工期和施工条件,考虑施工企业常规的施工工艺,合理的施工组织设计进行编制。

五、本标准人工以工种综合工表示,内容包括基本用工、超运距用工、辅助用工、人工幅度差,人工每工日按 8 小时工作制计算。

六、本标准材料消耗量已包括材料、成品、半成品的净用量以及从工地仓库、现场堆放地点或现场加工地点至操作或安装地点的运输损耗、施工操作损耗、施工现场堆放损耗。

七、本标准已包括材料、成品、半成品从工地仓库、现场堆放地点或现场加工地点至操作或安装地点的水平运输。

八、本标准为消耗量标准,人工、材料、机械台班价格可参照建设期工程造价管理机构发布的信息价格或市场价格执行,企业管理费、利润及一般风险费等费用应结合项目实施情况及企业自身情况确定。

九、本标准的工作内容已说明了主要的施工工序,次要工序虽未说明,但均已包括在内。

十、本标准中注有“×××以内”或者“×××以下”者,均包括×××本身;“×××以外”或者“×××以上”者,则不包括×××本身。

十一、本标准总说明未尽事宜,详见各章说明。

第一章　混凝土及钢筋混凝土工程

说　明

一、混凝土

现浇混凝土按商品混凝土编制。商品混凝土子目包含清理、润湿模板、浇筑、捣固、机器人整平、抹平、养护。

二、现浇构件

1. 本消耗量中的有梁板是指梁(包括主梁、次梁,圈梁除外)、板构成整体的板;无梁板是指不带梁(圈梁除外)直接用柱支撑的板;平板是指无梁(圈梁除外)直接由墙支撑的板。

2. 如下图所示,现浇有梁板中,梁的混凝土强度与现浇板不一致,应分别计算梁、板工程量。现浇梁工程量乘以系数1.06,现浇板工程量应扣除现浇梁所增加的工程量,执行相应有梁板子目。

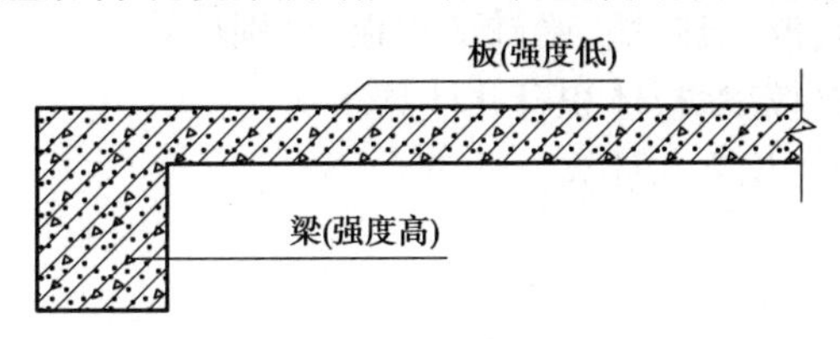

工程量计算规则

一、楼地面垫层

1. 楼地面垫层按设计图示体积以“m^3”计算，应扣除凸出地面的构筑物、设备基础、室外铁道、地沟等所占的体积，但不扣除柱、剁、间壁墙、附墙烟囱面积≤0.3 m^2 孔洞所占的面积，而门洞、空圈、暖气包槽、壁龛的开口部分面积亦不增加。

二、现浇构件

1. 混凝土的工程量按设计图示体积以“m^3”计算，不扣除构件内钢筋、螺栓、预埋铁件及单个面积0.3 m^2 以内的孔洞所占体积。

2. 无梁式满堂基础，其倒转的柱头(帽)并入基础计算，肋形满堂基础的梁、板合并计算。

3. 箱形基础应按满堂基础(底板)、柱、墙、梁、板(顶板)分别计算。

4. 有梁板(包括主、次梁与板)按梁、板体积合并计算。

5. 无梁板按板和柱头(帽)的体积之和计算。

1. 现浇混凝土垫层(机器人)

(1)垫层

工作内容:商品混凝土浇捣、机器人整平、机器人抹平、养护等。　　计量单位:10 m^3

编　　号			BAE0001
项　　目			楼地面垫层(机器人整平、抹平)
			商品混凝土
名　　称		单位	消　耗　量
人　工	混凝土综合工	工日	1.915
材　料	商品混凝土	m^3	10.150
	水	m^3	3.560
	电	kW · h	3.246
	其他材料费	元	19.350
机　械	地面整平机器人　1.9 kW	台班	0.087
	地面抹平机器人　4 kW	台班	0.060

2. 现浇满堂基础(机器人)

(1)满堂(筏板)基础

工作内容:商品混凝土浇捣、机器人整平、机器人抹平、养护等。　　　　计量单位:10 m^3

编　号			BAE0002
项　目			满堂(筏板)基础(机器人整平、抹平)
			商品混凝土
名　称		单位	消　耗　量
人　工	混凝土综合工	工日	2.464
材　料	商品混凝土	m^3	10.150
	水	m^3	1.430
	电	kW·h	3.246
	其他材料费	元	11.290
机　械	地面整平机器人　1.9 kW	台班	0.087
	地面抹平机器人　4 kW	台班	0.060

3. 现浇混凝土板(机器人)

(1)有梁板

工作内容:商品混凝土浇捣、机器人整平、机器人抹平、养护等。　　计量单位:10 m^3

编　　号			BAE0003
项　　目			有梁板(机器人整平、抹平)
			商品混凝土
名　　称		单位	消　耗　量
人　工	混凝土综合工	工日	2.388
材　料	商品混凝土	m^3	10.150
	水	m^3	2.595
	电	kW·h	3.246
	其他材料费	元	48.700
机　械	地面整平机器人　1.9 kW	台班	0.087
	地面抹平机器人　4 kW	台班	0.060

(2)无梁板

工作内容:商品混凝土浇捣、机器人整平、机器人抹平、养护等。　　计量单位:10 m^3

编　号			BAE0004
项　目			无梁板(机器人整平、抹平)
			商品混凝土
名　称		单位	消　耗　量
人　工	混凝土综合工	工日	2.034
材　料	商品混凝土	m^3	10.150
	水	m^3	3.023
	电	kW · h	3.246
	其他材料费	元	51.480
机　械	地面整平机器人　1.9 kW	台班	0.087
	地面抹平机器人　4 kW	台班	0.060

(3)平板

工作内容:商品混凝土浇捣、机器人整平、机器人抹平、养护等。　　计量单位:10 m^3

编　号			BAE0005
项　目			平板(机器人整平、抹平)
			商品混凝土
名　称		单位	消　耗　量
人　工	混凝土综合工	工日	2.634
材　料	商品混凝土	m^3	10.150
	水	m^3	4.104
	电	kW·h	3.246
	其他材料费	元	69.600
机　械	地面整平机器人　1.9 kW	台班	0.087
	地面抹平机器人　4 kW	台班	0.060

第二章　楼地面工程

说　明

一、找平层、整体面层

1. 对于整体面层、找平层的配合比,如设计规定与本消耗量不同时,按实际配合比进行调整。

2. 整体面层的水泥砂浆、混凝土面层不包括水泥砂浆踢脚线工料。

工程量计算规则

一、找平层、整体面层

1. 整体面层及找平层按设计图示尺寸以面积计算。应扣除凸出地面的构筑物、设备基础、室内铁道、地沟等所占的面积,但不扣除柱、垛、间壁墙、附墙烟囱及面积≤0.3 m^2 孔洞所占的面积,而门洞、空圈、暖气包槽、壁龛的开口部分的面积亦不增加。

1. 楼地面找平层(机器人)

(1)细石混凝土找平层

工作内容:清理基层、商品混凝土浇捣、机器人整平、机器人抹平、养护。　　　　计量单位:100 m^2

编　号			BAL0001	BAL0002
项　目			细石混凝土找平层(机器人整平、抹平)	
			厚度 30 mm	厚度每增减 5 mm
			商品混凝土	
名　称		单位	消　耗　量	
人工	抹灰综合工	工日	3.121	0.687
材料	素水泥浆　普通水泥	m^3	0.100	—
	商品混凝土	m^3	3.182	0.530
	水	m^3	0.552	—
	电	kW·h	5.512	—
	其他材料费	元	72.970	—
机械	地面整平机器人　1.9 kW	台班	0.131	—
	地面抹平机器人　4 kW	台班	0.110	—

(2)水泥砂浆面层

工作内容:1. 干混商品地面砂浆:清理基层、刷素水泥浆、调运砂浆、机器人整平、机器人抹平、压光、养护。
2. 湿拌商品地面砂浆:清理基层、刷素水泥浆、运砂浆、机器人整平、机器人抹平、压光、养护。

计量单位:100 m^2

编　号			BAL0003	BAL0004	BAL0005	BAL0006
项　目			楼地面面层(机器人整平、抹平)			
			水泥砂浆			
			厚度 20 mm		每增减 5 mm	
			干混商品砂浆	湿拌商品砂浆	干混商品砂浆	湿拌商品砂浆
名　称		单位	消　耗　量			
人　工	抹灰综合工	工日	5.431	5.128	1.085	1.025
材　料	干混商品地面砂浆　M15	t	3.434	—	0.867	—
	湿拌商品地面砂浆　M15	m^3	—	2.060	—	0.515
	素水泥浆　普通水泥	m^3	0.100	0.100	—	—
	水	m^3	4.310	3.600	—	—
	电	kW·h	5.512	5.512	—	—
机　械	干混砂浆罐式搅拌机　20 000 L	台班	0.340	—	0.078	—
	地面整平机器人　1.9 kW	台班	0.131	0.131	—	—
	地面抹平机器人　4 kW	台班	0.110	0.110	—	—

2. 整体混凝土面层(机器人)

(1)混凝土面层

工作内容:清理基层、商品混凝土浇捣、机器人整平、机器人抹平、养护。 计量单位:100 m^2

编号			BAL007	BAL008
项目			商品混凝土面层(机器人整平、抹平)	
			厚度 80 mm	每增减 10 mm
名称		单位	消耗量	
人工	混凝土综合工	工日	6.060	0.992
材料	商品混凝土	m^3	8.480	1.060
	水泥砂浆(特细砂) 1∶1	m^3	0.510	—
	素水泥浆 普通水泥	m^3	0.100	—
	水	m^3	4.060	—
	电	kW·h	6.507	—
	其他材料费	元	72.970	—
机械	地面整平机器人 1.9 kW	台班	0.197	—
	地面抹平机器人 4 kW	台班	0.110	—

3. 地坪漆(机器人)

(1)地坪漆地面

工作内容:清理基层、满刮腻子、机器人研磨、机器人涂敷、磨退等。　　计量单位:10 m^2

编　　号			BLA0001	BLA0002
项　　目			环氧地坪漆(底、中、面层)(机器人研磨、涂敷)1 mm厚	环氧地坪漆每增减厚度0.5 mm
名　　称		单位	消　耗　量	
人　工	油漆综合工	工日	0.560	0.230
材　料	地坪漆色漆	kg	3.840	1.920
	地坪漆清漆	kg	1.410	0.705
	水泥　42.5	kg	6.000	—
	建筑胶	kg	2.580	—
	二甲苯	kg	0.160	—
	电	kW·h	4.448	0.624
	其他材料费	元	12.300	—
机　械	地坪研磨机器人　25 kW	台班	0.016	—
	地坪漆涂敷机器人　2 kW	台班	0.078	0.039

第三章　非承重隔墙工程

说　明

一、非承重隔墙安装

1. 非承重隔墙安装,按单层墙板安装进行编制。设计为双层墙板时,根据双层墙板各自的墙板厚度不同,分别执行相应的单层墙板安装子目。双层墙板中间设置保温、隔热或者隔声功能层的工作内容未包括在子目中,另行计算。

2. 非承重隔墙板安装子目已包括各类固定配件、补(填)缝、抗裂措施构造以及板材遇门窗洞口所需切割改锯、孔洞加固等工作内容。

工程量计算规则

一、非承重隔墙安装

1. 非承重隔墙安装,按设计图示尺寸的墙体面积以“m^2”计算,应扣除门窗、洞口、嵌入墙内的钢筋混凝土柱、梁、圈梁等所占的面积,不扣除梁头、板头、檩头、垫木、木楞头、沿缘木、木砖、门窗走头、砖墙内加固钢筋、木筋、铁件、钢管及单个面积在 0.3 m^2 以内孔洞所占的面积。

2. 非承重隔墙为双层墙板时,根据双层墙板各自的墙板厚度不同分别计算。

1. ALC 板安装(机器人)

(1)轻质条板隔墙

工作内容:清理安装现场、定位弹线、切割、预埋铁件、机器人条板安装、灌缝、开门窗洞口等全部操作过程。

计量单位:10 m^2

编号			BMD0001	BMD0002	BMD0003
项目			轻质加气混凝土板(机器人辅助安装)		
			内墙板		
			板厚(mm)		
			100	150	200
名称		单位	消耗量		
人工	砌筑综合工	工日	1.163	1.174	1.232
材料	轻质加气混凝土板墙板(ALC 板) 100 mm	m^2	10.150	—	—
	轻质加气混凝土板墙板(ALC 板) 150 mm	m^2	—	10.150	—
	轻质加气混凝土板墙板(ALC 板) 200 mm	m^2	—	—	10.150
	预埋铁件	kg	6.000	6.000	6.000
	镀锌铁件	kg	3.590	3.590	3.590
	干混商品砌筑砂浆 M5	t	0.078	0.117	0.156
	ALC 板专用勾缝剂	kg	6.500	6.500	6.500
	ALC 板专用修补砂浆	kg	0.500	0.750	1.000
	电	kW·h	1.200	1.200	1.200
	其他材料费	元	18.540	22.180	25.480
机械	干混砂浆罐式搅拌机 20 000 L	台班	0.009	0.013	0.018
	电焊机(综合)	台班	0.001	0.001	0.001
	条板安装机器人 1 kW	台班	0.150	0.150	0.150

第四章　防水工程

说　明

一、防水工程

1. 卷材防水如设计的材料品种与子目不同时,材料进行换算,其他不变。

2. 卷材防水的附加层、接缝、收头、基层处理剂工料已包括在子目中。

工程量计算规则

一、防水工程

1. 卷材防水屋面按设计图示面积以“m^2”计算。不扣除房上烟囱、风帽底座、风道、屋面小气窗、斜沟、变形缝所占面积;屋面的女儿墙、伸缩缝和天窗等处的弯起部分,按图示尺寸并入屋面工程量计算。如设计图示无规定时,伸缩缝、女儿墙及天窗的弯起部分按防水层至屋面面层厚度另加 250 mm 计算。

1. 防水卷材(机器人)

(1)改性沥青卷材防水

工作内容:1. 清理基层、刷基层处理剂、机器人铺贴、钉压条及收头处嵌密封膏等全部操作过程。
2. 防水薄弱处铺附加层。

计量单位:100 m^2

编号			BAJ0001	BAJ0002
项目			屋面改性沥青卷材(机器人铺贴)	
			热熔法一层	热熔法每增加一层
名称		单位	消耗量	
人工	防水综合工	工日	2.310	1.686
材料	改性沥青卷材	m^2	132.970	115.635
	改性沥青嵌缝油膏	kg	5.977	5.165
	液化石油气	kg	29.690	30.130
	电	kW·h	1.140	0.832
	其他材料费	元	236.680	—
机械	防水卷材铺贴机器人 1.9 kW	台班	0.075	0.055

第五章　内墙面装饰工程

说　明

一、油漆、涂料工程

1. 设计要求的喷涂、涂刷遍数与本消耗量不同时，按每增、减一遍子目进行调整。

2. 抹灰面乳胶漆、涂料子目均未包括刮腻子，刮腻子另按相应子目执行。

3. 天棚面刮腻子、喷刷乳胶漆或涂料时，按抹灰面相应子目执行，其人工、机械分别乘以系数1.3。

4. 混凝土面层（打磨后）直接刮腻子基层时，按相应子目执行，其人工、机械分别乘以系数1.1。

5. 油漆涂刷不同颜色的工料已综合在子目内；颜色不同，人工、材料不作调整。

6. 拉毛面上喷（刷）油漆、涂料时，均按抹灰面油漆、涂料相应子目执行，其人工、机械分别乘以系数1.2，材料乘以系数1.6。

工程量计算规则

一、油漆、涂料工程

1. 油漆、涂料工程量按设计结构尺寸(有保温、隔热、防潮层者按其外表面尺寸)以面积计算。应扣除门窗洞口和单个面积大于 0.3 m^2 的空圈所占的面积,不扣除踢脚板、挂镜线及单个面积在 0.3 m^2 以内的孔洞和墙与构件交接处的面积,但门窗洞口、空圈、孔洞的侧壁和顶面(底面)面积亦不增加。附墙柱(含附墙烟囱)的侧面抹灰应并入墙面工程量内计算。

1. 喷涂乳胶漆、涂料(机器人)

(1)乳胶漆

工作内容:1. 清扫、打磨、机器人喷涂乳胶漆二遍等。

2. 每增加一遍:机器人喷涂乳胶漆一遍等。　　　　计量单位:10 m^2

编　　号			BLE0001	BLE0002
项　　目			内墙面乳胶漆(机器人喷涂)	
			抹灰面	
			二遍	每增减一遍
名　　称		单位	消　耗　量	
人　工	油漆综合工	工日	0.267	0.097
材　料	乳胶漆	kg	3.950	1.950
	电	kW · h	2.061	0.748
	其他材料费	元	0.230	0.090
机　械	墙面喷涂机器人　8.25 kW	台班	0.031	0.011

(2)墙面喷涂涂料

工作内容:清扫、打磨、机器人喷涂涂料二遍等。 计量单位:10 m^2

编号			BLE0003
项目			内墙涂料(机器人喷涂)
			二遍
名称		单位	消耗量
人工	油漆综合工	工日	0.362
材料	内墙涂料	kg	3.691
	电	kW·h	2.792
	其他材料费	元	0.600
机械	墙面喷涂机器人 8.25 kW	台班	0.042

2. 腻子(机器人)

(1)喷涂腻子

工作内容:1. 清扫、打磨、机器人喷涂腻子二遍(一遍)等。

2. 清扫、板缝贴自粘胶带。

计量单位:10 m^2

编 号			BLE0004	BLE0005	BLE0006	BLE0007
项 目			抹灰面成品腻子粉(机器人喷涂)			
			二遍	每增减一遍	防水型	
					二遍	每增减一遍
名 称		单位	消 耗 量			
人 工	油漆综合工	工日	0.169	0.071	0.169	0.071
材 料	腻子粉 成品(一般型)	kg	20.412	10.206	—	—
	腻子粉 成品(防水型)	kg	—	—	20.412	10.206
	电	kW·h	2.178	0.908	2.178	0.908
	其他材料费	元	0.040	0.020	0.040	0.020
机 械	墙面喷涂机器人 8.25 kW	台班	0.033	0.014	0.033	0.014

第六章　边坡支护工程

说　　明

一、喷射混凝土

1. 本章喷射混凝土按商品混凝土编制。

工程量计算规则

一、喷射混凝土

1. 喷射混凝土按设计图示面积以“m^2”计算。

1. 喷射混凝土(机器人)

(1)边坡喷射混凝土

工作内容:基层清理、机器人喷射、养护。　　　　计量单位:100 m^2

编号			BAB0001	BAB0002	BAB0003	BAB0004
项目			喷射混凝土(机器人喷射)			
			初喷厚 50 mm	每增减 10 mm	初喷厚 50 mm	每增减 10 mm
			垂直面素喷		斜面素喷	
名称		单位	消耗量			
人工	混凝土综合工	工日	5.181	0.554	4.935	0.533
材料	商品混凝土	m^3	6.090	1.186	5.778	1.105
	柴油	kg	45.220	6.240	43.067	6.029
	其他材料费	元	29.320	4.250	27.850	3.970
机械	湿喷机械手　55 kW	台班	0.466	0.064	0.443	0.062

工作内容:基层清理、机器人喷射、养护。　　　　计量单位:100 m^2

编号			BAB0005	BAB0006	BAB0007	BAB0008
项目			喷射混凝土(机器人喷射)			
			初喷厚50 mm	每增减10 mm	初喷厚50 mm	每增减10 mm
			垂直面网喷		斜面网喷	
名称		单位	消耗量			
人工	混凝土综合工	工日	6.662	0.733	6.129	0.656
材料	商品混凝土	m^3	6.090	1.186	5.778	1.105
	柴油	kg	58.140	8.140	53.488	7.488
	其他材料费	元	31.070	4.250	29.590	3.970
机械	湿喷机械手　55 kW	台班	0.599	0.084	0.550	0.077

第七章　道路工程

说　　明

一、道路面层

1. 混凝土路面定额已综合了有筋和无筋对工效的影响因素。

工程量计算规则

一、道路面层

1. 道路路面工程量按设计图示尺寸以“m^2”计算,不扣除各种井所占面积。

1. 混凝土路面(机器人)

(1)水泥混凝土路面

工作内容:商品混凝土浇捣、机器人摊铺、养护、切缝、压痕、纵缝刷沥青。　　计量单位:100 m^2

编　号			BDB0001	BDB0002
项　目			混凝土路面设计厚度(机器人摊铺)	
			20 cm	每增减 1 cm
			商品混凝土	
名　称		单位	消　耗　量	
人　工	混凝土综合工	工日	2.431	0.079
材　料	石油沥青　30#	kg	2.750	0.140
	商品混凝土	m^3	20.400	1.020
	水	m^3	19.800	0.990
	电	kW·h	28.800	0.939
	其他材料费	元	83.120	4.160
机　械	混凝土摊铺机器人　24 kW	台班	0.150	0.005

附　录

人工、材料、机械基期价格参考表

序号	名称	编号	单位	基期价格(元)
1	混凝土综合工	000300080	工日	115.00
2	砌筑综合工	000300100	工日	115.00
3	抹灰综合工	000300110	工日	125.00
4	防水综合工	000300130	工日	115.00
5	油漆综合工	000300140	工日	125.00
6	商品混凝土	840201140	m^3	266.99
7	特细砂	040300760	t	63.11
8	水泥　32.5R	040100015	kg	0.31
9	水泥　42.5	040100017	kg	0.32
10	石油沥青　30#	133100700	kg	2.56
11	改性沥青卷材	133302600	m^2	25.64
12	改性沥青嵌缝油膏	133505080	kg	1.28
13	地坪漆色漆	130101120	kg	28.21
14	地坪漆清漆	130101110	kg	29.06
15	乳胶漆	130305600	kg	7.26
16	腻子粉　成品(一般型)	130305000	kg	0.85
17	腻子粉　成品(防水型)	130304900	kg	1.37
18	内墙涂料	130307800	kg	10.85
19	干混商品砌筑砂浆　M5	850301010	t	228.16
20	ALC 板专用修补砂浆	850401050	kg	1.46
21	水泥砂浆(特细砂)　1：1	810201010	m^3	334.13
22	干混商品地面砂浆　M15	850301050	t	262.14

续表

序号	名称	编号	单位	基期价格(元)
23	湿拌商品地面砂浆　M15	850302030	m^3	337.86
24	素水泥浆　普通水泥	810425010	m^3	479.39
25	轻质加气混凝土板墙板(ALC板)　100 mm	042703620	m^2	66.67
26	轻质加气混凝土板墙板（ALC板）　150 mm	042703630	m^2	73.50
27	轻质加气混凝土板墙板（ALC板）　200 mm	042703700	m^2	79.49
28	二甲苯	143301300	kg	3.42
29	建筑胶	144107400	kg	1.97
30	水	341100100	m^3	4.42
31	电	341100400	kW·h	0.70
32	电焊机(综合)	990929010	台班	75.60
33	干混砂浆罐式搅拌机　20 000 L	990611010	台班	232.40
34	地面整平机器人　1.9 kW	991501001	台班	1 063.33
35	地面抹平机器人　4 kW	991501005	台班	1 030.00
36	地坪研磨机器人　25 kW	991501010	台班	1 021.67
37	地坪漆涂敷机器人　2 kW	991501015	台班	1 196.67
38	条板安装机器人　1 kW	991501020	台班	763.33
39	防水卷材铺贴机器人　1.9 kW	991501025	台班	596.67
40	墙面喷涂机器人　8.25 kW	991501030	台班	1 192.67
41	湿喷机械手　55 kW	991501035	台班	3 320.00
42	混凝土摊铺机器人　24 kW	991501040	台班	503.33

注:1. 人工、材料、机械基期价格为本标准编制时的参考价格,建设项目实施阶段人工、材料、机械价格与基期价格不同时,可参照建设工程造价管理机构发布的工程所在地的信息价格或市场价格进行调整。
2. 建筑机器人机械台班单价按照目前租赁台班价格计算,已包含机器人租赁费、操作员人工费、运输费、调试费和维修费。
3. 材料及机械台班基期价格为不含税价格。